地球的神秘来客

金燕姬 编

辽宁科学技术出版社

·沈阳·

图书在版编目（CIP）数据

地球的神秘来客 / 金燕姬编. —沈阳：辽宁科学技术出版社, 2018.10
（科学妙想国）

ISBN 978-7-5591-0466-3

Ⅰ.①地… Ⅱ.①金… Ⅲ.①矿物 – 少儿读物 Ⅳ.①P57-49

中国版本图书馆CIP数据核字(2017)第276839号

出版发行：辽宁科学技术出版社
（地址：沈阳市和平区十一纬路25号　邮编：110003）

印　刷　者：辽宁新华印务有限公司
经　销　者：各地新华书店
幅面尺寸：170mm × 240mm
印　　　张：2.625
字　　　数：60千字
出版时间：2018年10月第1版
印刷时间：2018年10月第1次印刷
责任编辑：姜　璐
封面设计：许琳娜
版式设计：许琳娜
责任校对：李淑敏

书　　　号：ISBN 978-7-5591-0466-3
定　　　价：16.80元

投稿热线：024-23284062　1187962917@qq.com
邮购热线：024-23284502

第一部分

外星科学家
跌跌撞撞地球旅行记

出发

这里是布鲁巴拉星。

布鲁巴拉星是离地球很远很远的仙女座星系中的一颗星球。在这个星球上，科学已经高度发达。这个星球上的科学家们有一个秘密，他们可以利用空间移动机器到别的星球上学习文化知识和科学技术，也可以向别的星球传授这里的文化知识和科学技术。

很久以前，科研小组学会了某种药丸的制作方法，这种药丸只需一天吃一粒，就可以一天不吃饭，为解决粮食短缺问题发挥了巨大的作用。这一次的探索旅行轮到年轻科学家艾利儿了。

蹑手蹑脚

目的地是地球！艾利儿准备研究地球上的各种物质。为了适应地球上的生活，出发前一个月，艾利儿就接受了各种训练。地球人对外星人特别感兴趣，能不能在不被地球人发现的情况下顺利完成研究任务呢？

去哪呢？

变成地球人的训练

1. 地球人一般都喜欢穿衣服。

变身！

长得好奇怪啊！

2. 地球人一天要吃三顿饭。

3. 地球人见面互相打招呼。

你好！

一道亮光一闪而过！眨眼的工夫艾利儿就到达地球了。幸好落地时正是漆黑的深夜。艾利儿原本还很担心地球人会凑过来看外星人的热闹，这下终于放心了。

终于来到了地球。
幸好没有一个人发现我。
除了遇见一个性格怪异的生物……
它长得像这样子。
明天开始探索地球！

危险物质

艾利儿紧张的心情得到了放松以后便有些昏昏欲睡。梅西却辗转反侧难以入睡，因为他亲眼看见了一个外星人。那可不是出现在电影或电视里的，而是随着一道亮光出现的、一个真正的外星人。

梅西身边同龄的小伙伴很少，他最喜欢研究宇宙和星球，梦想着有一天可以和外星人见面。"怎样才能和外星人做朋友呢？"梅西整夜都被这个想法困扰着，变得心烦意乱。

到达地球的第二天，艾利儿决定从城市出发环游地球。
他做梦也没想到，梅西正在偷偷地观察他呢。

被玻璃撞到头仅仅是个开始。艾利儿在探索地球的旅途中处处碰壁，地球上遇到的各种物体都在和艾利儿过不去。

过了一会儿，清醒过来的艾利儿看到眼前的梅西，吓了一跳。"刚才好像被什么东西撞了头……这个小孩子是谁呢？不会是要把我当作试验对象吧？"

梅西把画了一个晚上的画儿拿给艾利儿看，并对艾利儿说，想和他交朋友。梅西还告诉艾利儿昨天晚上看见他乘着一道亮光出现。

艾利儿刚刚来到地球就遇到了很多麻烦，见到梅西这样和蔼可亲，马上敞开了心扉。虽然这违背了探索外星的原则，但两个人还是很快就成了朋友。

艾利儿向梅西讲述了他这一天经历的所有事情。

梅西看到艾利儿惊魂未定，不禁生起恻隐之心。他想，无论如何都应该帮助艾利儿，于是他向艾利儿耐心地讲解起来。

"玻璃是透明的，所以能看清对面的东西，但一定要小心不要撞到它。铁的导热性能特别好，像昨天那样，铁被夏天的烈日直接照射后会变得很烫是理所当然的啦。而且铁是非常坚硬的，用手敲会很疼的。高弹力的蹦床不是用来休息和睡觉的，它是用来做游戏的。"

他俩谈论着玻璃、铁、塑料、纸等地球上的各种物质，不知不觉到了深夜。

在地球上交了一个朋友。
名字叫梅西，非常聪明。
据说智商超过150，什么是智商呢？
地球上有很多物质，超出了我的想象。
如果不了解地球物质的特性，就很容易发生危险。

第二天，艾利儿决定暂时不出门了，先从梅西家里的东西开始进行观察。他对自己说："科学的原理不在远处，而在身边。我可不是因为害怕才不出去的。"

艾利儿最感兴趣的地方是厨房。布鲁巴拉星早就不做饭了，而是用药丸代替了饮食，所以没有厨房。在地球的厨房里，有很多东西都是艾利儿第一次看到的。不过，他发现了一个非常奇怪的现象。

玻璃杯是透明的，可以看清里面的东西，但易碎。塑料杯又轻巧又不易破碎。纸杯不够坚固，无法长久使用，但用过以后就可以扔掉，很方便。

所以，即使是同样的物体也要根据不同的用途选择各种不同的材料制作。在厨房里发现的还不止这些。

有的物体只用了一种物质制造，有的物体却使用了好几种物质。

如果想对物体和物质了解更多，请看第二部分的《基础练习室1》！

13

想把地球上的所有物质都调查清楚，大概在地球上生活一辈子都很难做到。回到布鲁巴拉星的期限一天天逼近……艾利儿的心不免焦急起来。

香皂、瓷砖、毛巾……浴室里还有这么多物体，对这些物体应该怎么分类呢？

布鲁巴拉星的人也洗澡吗？

对了，梅西，我有了新的发现！

可以把地球上的物体分成两大类，坚硬的物体和流动的物体。

布鲁巴拉星的孩子们也上学吗？

对我的提问置之不理！你说什么呢？

瓷砖摸起来是硬的，毛巾是柔软的，但它们都有自己的形状和大小。但是水倒在杯子里和倒在盆里形状就大不相同了。

冲了澡之后，艾利儿坐在书桌前，开始认真书写准备带回布鲁巴拉星的报告。梅西看这个新交的朋友只热衷于研究，心里很不高兴。所以今天准备捉弄他一下，用放屁攻击艾利儿。

啊，这是什么味儿？

噗！

艾利儿第一次闻到这么奇怪的味道，不觉一怔。

这才想起来，有一次不知从哪儿突然刮过来一阵风把帽子吹飞了，吓了他一跳。

用嘴对准气球吹气，气球会变得圆溜溜的。这些都说明，有一种物质是看不见也摸不着的。

看不见摸不着的物质就是气体呀！

如果想对气体了解更多，请看第二部分《满满试验室！》！

地球上的物质可以分成两大类三大类。

香皂　瓷砖　淋浴器

食用油
水　　牛奶

屁

形状和大小不变的物质

装在不同的器皿中形状会改变的物质

看不见、摸不着的物质

　　艾利儿说，在布鲁巴拉星有一种智慧树，吃了树上的果子就会变聪明，不用像地球人那样需要上学。但他还说，想要摘果子也是很不容易的，需要付出很多努力。

　　看到艾利儿喜欢吃地球上的食物，梅西拿出了特意为艾利儿准备的冰激凌蛋糕。

艾利儿第一次看到干冰，感觉非常神奇，但还是忍不住想要尝尝冰爽香甜的冰激凌。过了一会儿，他感觉有点不对劲儿。

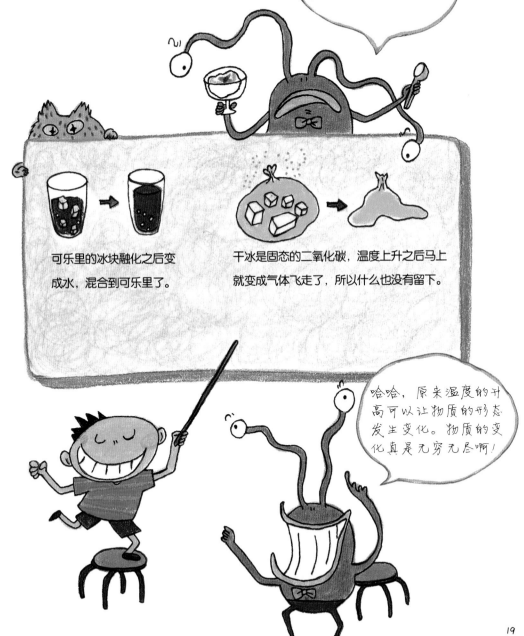

哦？
干冰没了，刚才可乐里的冰块儿也没了……都到哪儿去了？

可乐里的冰块融化之后变成水，混合到可乐里了。

干冰是固态的二氧化碳，温度上升之后马上就变成气体飞走了，所以什么也没有留下。

哈哈，原来温度的升高可以让物质的形态发生变化。物质的变化真是无穷无尽啊！

　　对地球物质的探索之旅结束了，艾利儿回到了布鲁巴拉星。但在地球上与梅西一起度过的时光却深深地印在了艾利儿的脑海里，久久无法忘怀。

　　梅西，在地球上遇到你是一件多么幸运的事啊！

　　如果没有你，我会认为地球上到处都是危险的物质，可能会认为那是一个可怕的地方。也不可能吃到像冰激凌那样好吃的地球食物。

　　我会经常想起和你一起在地球上度过的每一天。尤其是你放屁的味道，我终生难忘！你偷偷地帮助和引导我这个年轻的科学家，真是太感谢你了。

　　我在地球上获得的最珍贵的宝贝就是你。你是个聪明的孩子，一定要到我们布鲁巴拉星来呀。

——艾利儿

布鲁巴拉星在这里！

生活在地球上的梅西和
住在遥远的布鲁巴拉星上的艾利儿，
一直在互相寻找并想念着对方，
期待着重逢的那一天。

第二部分

布鲁巴拉星畅销书
地球物质探测报告

揭开物体与物质的真相！

苹果又红又圆，筷子又长又硬。

橡胶手套色彩丰富，抻拉会变长。

像苹果、筷子、橡胶手套那样具有一定的形状和质量，并占据一定空间的叫物体。一般是指为了某种用途而制作的东西。

构成这种物体的材料叫物质。比如说，橡胶手套是由叫作"橡胶"的物质构成的。筷子一般用金属或木头制作。有些物体是坚硬的，有些物体是柔软的。

另外，有些物体是重的，有些物体是轻的。

我们周围的每个物体都有各自不同的性质，那是因为它们都是由各种不同的物质构成的。

物质都具有独特的性质。或坚固或易碎;或轻或重;在水中或漂浮或下沉等。每种物质都同时具备几种不同的性质。因此，制作物体时需要根据它的用途，选择适合的物质。

　　比如，烹饪食物的锅要用导热性能好的铁制作，不能使用容易燃烧的木头。足球是用又轻又结实的皮革做成的。如果用沉重的铁制作足球，每次踢球的时候脚都会很疼。如果用塑料制作,用不了多久就会破裂。

哇!
好烫!

　　物体可以仅用一种物质制作，但一般情况下都是使用好几种物质。就像锅一样，一般是用导热性能好的铁制作，这样容易加热食物，但把手却要用不容易导热的塑料制作。足球也是用又轻又结实的线将几块皮革缝在一起做成的。

物质也有性格？固体、液体、气体！

我们是构成水壶的小分子！

几乎所有的物质都是以固体、液体或气体状态呈现的。

固体具有一定的形状，因此看得见也摸得着。虽然会有坚硬或柔软的区别，但如果放着不动，形状和大小都不会改变。固体的形状之所以不会随意发生变化是因为构成固体的小分子只会在原地震动而不会随处移动。

液体没有固定的形状，不容易用手抓起来，会随着不同的容器改变形状。液体之所以会流动或改变形状，是因为构成液体的小分子比构成固体的小分子移动更灵活。它们也可能形成一团儿来回移动。但无论装在什么样的容器内，小分子数量不会改变。

我们是构成水的小分子！

我们是气球里面构成空气的小分子！

气体在大多数情况下是看不见的，也没有固定的形状，无法用手抓住。它一直在我们身边，但我们经常忘记它的存在。气体之所以没有固定的体积和形状是因为构成气体的小分子特别活跃，移动速度快。气体小分子在空中可以自由飞舞。

那么，物质的形态是不是固定不变的呢？不是。所有的物质在不同的条件下都可以转换成固体、液体或气体。固体形态的冰融化之后会变成液体的水，巧克力加热之后也会融化成液体状。就这样，任何物质在加热或冷却之后都会呈现不同的形态。将水放在0℃以下的环境中会重新变成冰，融化的巧克力冷却后又会变成干硬的固体。但它们的性质不会完全改变。冰本来是水冻成的，融化之后重新变成水，绝对不会变成牛奶或可乐。

利用物质解决生活中的疑惑！

我是一名爱放屁的学生，因为放屁时不分场合地点，常常遭到小朋友们的侧目。给小朋友们送防毒面具是不是可以挡住放屁的臭味儿呢？

　　屁是气体，因此放了屁之后气味儿会瞬间扩散，给身边的人带来麻烦。很不幸的是，即使使用防毒面具也无法抵挡屁的味道。屁是肚子里的食物在发酵的过程中产生的，含有氮、氧、氢、二氧化碳、甲烷等各种成分。其中产生臭味儿的有吲哚、粪臭素等。防毒面具的吸入口处有净化筒，是由比空气分子还小的孔组成的。

　　但引起臭味儿的吲哚和粪臭素的分子比这些孔还小，会直接进到里面，因此可以闻到臭味。但不要太失望，据说最近有个发明家制作了一个可以阻挡屁味的短裤，用那个是不是会更好呢？

每次煮衣物的时候水都会从锅里溢出把锅台弄脏。有没有什么好办法，可以防止煮衣物的水溢出来呢？

　　只要有硬币就可以轻松解决这个问题。水会溢出来是因为在水沸腾的时候水分子变成了气体，即水蒸气。这时候产生的就是咕噜咕噜冒出来的气泡，因为气泡很轻，慢慢升上来之后就会向外溢，水分子也会粘在气泡上一起往外跑。煮衣物的时候放几枚硬币试一试，因为多余的热量用于加热硬币，水里形成的气泡就会少一些，水也就不会溢出来了。

夏天去河边玩儿，没有冰柜，温温的汽水很难喝。在没有冰柜的情况下，能不能喝到冰凉的饮料呢？

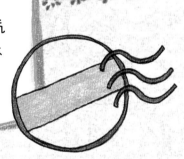

　　当然有办法！在河边想喝到冰凉的汽水或吃到凉爽的西瓜，一般是将它们浸泡在水中。但还有更快的方法。就是用湿毛巾裹住汽水瓶后只在水中浸泡一半。这样，饮料中的温度一部分传递到水中，同时毛巾上的水分持续蒸发，使饮料中的热量散发出去，因此比直接把汽水瓶浸泡在水里冷却得更快。

29

用汽水吹气球！

我不动嘴就可以吹气球，只要有汽水和气球就行。

喷？骗人！

准备物品：
汽水、气球。

1 在做实验1小时之前将汽水放进冰箱。

2 从冰箱里取出冰凉的汽水。

聚集在气球里面的就是气体呀！

会发生什么呢?

气球会慢慢鼓起来。

为什么会这样呢?

汽水里有溶解的二氧化碳。汽水瓶盖打开之后，里面的二氧化碳会跑出来。因为汽水瓶口被气球罩住了，二氧化碳只能聚集在气球里面。

时间越久气球越大。从这个实验可以看出气体也是有体积的。

用肥皂写信?

这次我来给你写一封秘密信,有纸和肥皂就可以。

哦?什么也没有啊?

准备物品:
肥皂、纸、水、器皿。

1 用肥皂在纸上画画或写字。

2 在宽大的器皿中倒上水,将纸浸泡在水中。

有意思。

3
一直等到纸上出现画或字，再把纸拿出来即可。

会发生什么呢?
画和字会显现出来。

为什么会这样呢?
在纸上用肥皂画画或写字会看不清楚。

但是肥皂遇到水之后会慢慢溶化，肥皂水就会渗透到纸上，纸上就会出现画或字。

是谁揭开了世界之源?

泰利斯 (约公元前624—公元前547)

我是希腊的哲学家泰利斯,被称为"哲学之父"。

在我生活的时代,人们都认为是神创造了世界。

像日食这种现象,人们也以为是神在作怪,因此很畏惧。

但是我却成功地预测了日食的出现。

利用金字塔的影子和我的影子的长度计算出金字塔高度的人也是我!

我认为世上的所有事物都有它的道理,有一种基本物质是万物的根源。我得到的答案就是水。这世上的所有东西都有潮湿的性质。

平坦的地球也是漂浮在水中。

水是万物之源!

哇!

约翰·道尔顿 （1766—1844）

我叫道尔顿，我是一个将一生的精力全部用于科学研究的科学家。没有什么朋友，也没结婚。而且我和一般人不一样，是一个无法分辨全部色彩的色盲，这虽然给我造成了很多困难，但并不能阻挡我对科学研究的热情。

你听说过原子吗？

物质是由不可再分割的又小又硬的粒子"原子"构成的。这种原子聚集在一起形成氢、碳或氧等元素。

对了，只要是同一种类的原子，其大小、形状和质量是相同的。

原子核

没错没错

埃尔温·薛定谔 （1887—1961）

我叫薛定谔，是奥地利的物理学家。我代表现代科学家给大家讲讲吧。自古以来人类对物质的认识多种多样，但目前电子云模型理论才是大趋势。众多科学家的研究结果证明，道尔顿说的"原子是无法再分割的最小粒子"的说法是错误的。原子中心有原子核，原子核周围有比原子还小的电子在转动。电子像云一样散开着，这就证明原子不是最小的，还有比它更小的粒子。

寻找梅西!

艾利儿和梅西一起来到了游乐公园。公园里有艾利儿喜欢吃的棉花糖和冰激凌,还有各种游乐设施,真让人开心。可是就在艾利儿东张西望的时候,梅西不见了。梅西在哪儿呢?

在写着物体和物质的房间里,只要跟着物质走就可以找到梅西……梅西!你在哪儿?

吸管

塑胶

铝

玻璃

杯子

气球

橡胶

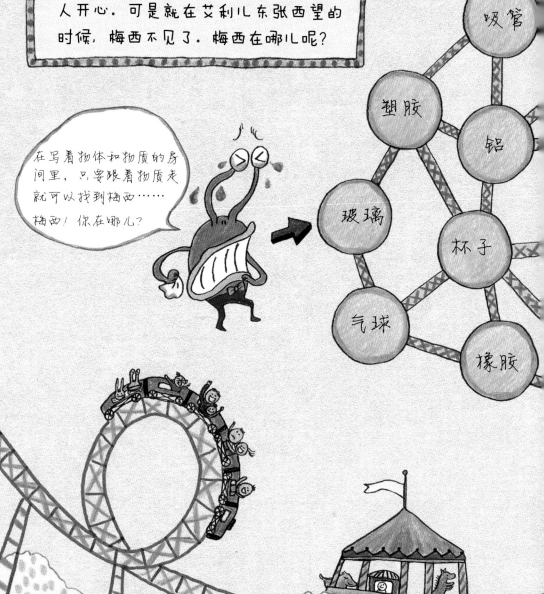

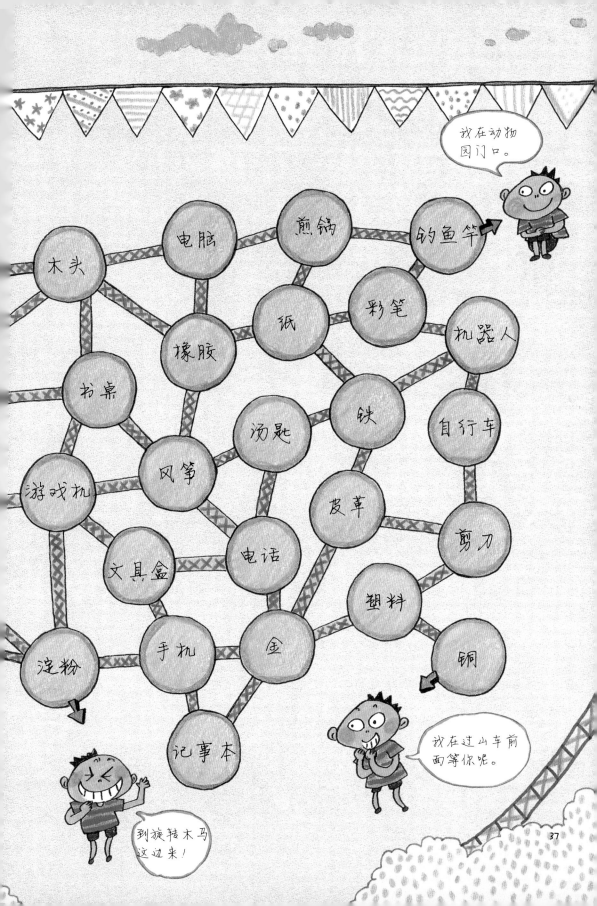

37

艾利儿，现在自己猜猜吧！

艾利儿已经可以将地球的物质分成固体、液体和气体了，现在他的面前出现了两道难关，需要他回答一些复杂的问题。

第一关

猜名词！一张大纸上画了很多格子，分别写上了各种名称。其中还有一些格子是空的，请将梅西说明的东西填写到空格中。

这个东西是眼睛看不见的，但气味很臭。梅西就是用❶攻击了艾利儿。

可以清晰地看到里面的东西，是用玻璃制作的。在❷里倒上水之后可以养金鱼。

❸是味道非常甜的粉末，经常用于制作食物。装在各种容器里形状都不会变。

没有气味也看不见，却是我们呼吸的时候必需的。气球、风扇、风筝都要利用❹。

一般装在玻璃瓶或塑料瓶里，倒在杯子里形状会改变，❺的颜色透明，口感棒极了。在吹气球试验中使用了它。

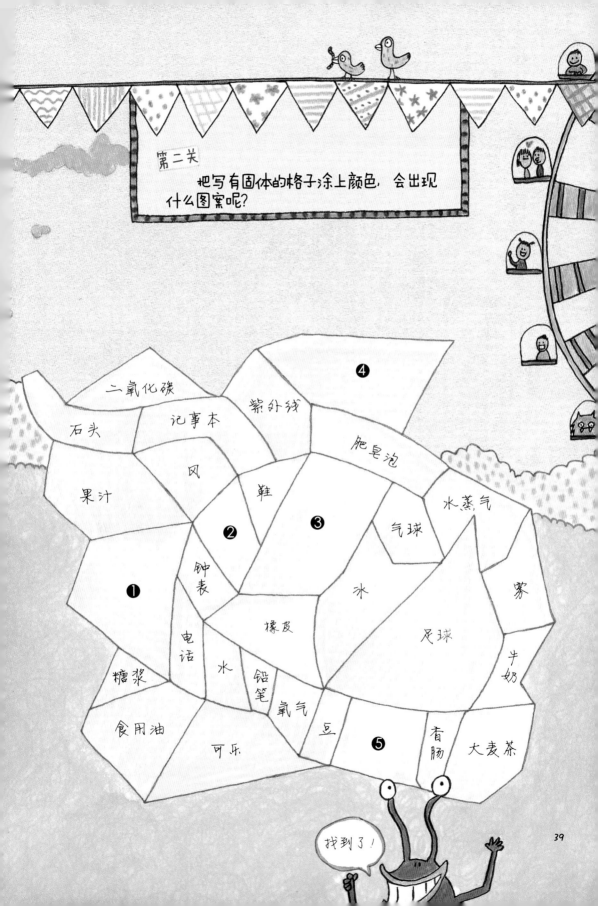

第二关

把写有固体的格子涂上颜色，会出现什么图案呢？

二氧化碳
石头
记事本
紫外线
❹
果汁
风
肥皂泡
鞋
❷
❸
水蒸气
气球
钟表
冰
雾
❶
橡皮
足球
电话
牛奶
糖浆
水
铅笔
食用油
氧气
豆
❺
可乐
香肠
大麦茶

找到了!

39

不要忘了!

物体和物质

物体是什么?

具有一定的形状和质量,占据一定的空间.

物质是什么?

构成物体的材料,有金属、玻璃、纸、塑料、木头、橡胶等很多种类。每种物质都有其特定的颜色、触感、硬度、浮力、可弯曲程度等性质。

像玻璃杯、塑料杯那样,同一种用途的东西可以用各种物质制作;也有像铅笔那样,一个物体由木头、橡胶、铅等几种物质组合而成。

物质的状态

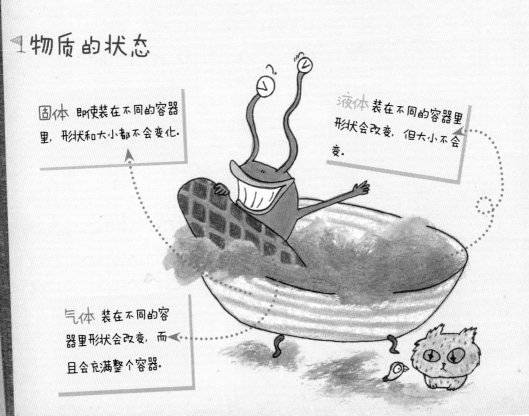

固体 即使装在不同的容器里,形状和大小都不会变化.

液体 装在不同的容器里形状会改变,但大小不会变.

气体 装在不同的容器里形状会改变,而且会充满整个容器.

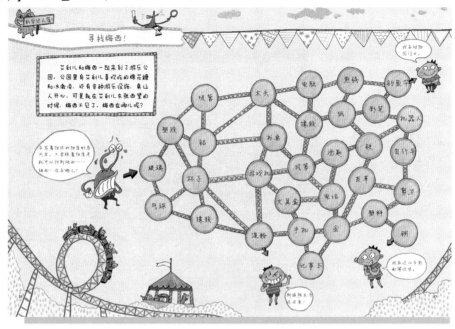

第36~37页　玻璃—塑胶—铝—木头—橡胶—
纸—铁—皮革—金—塑料—铜

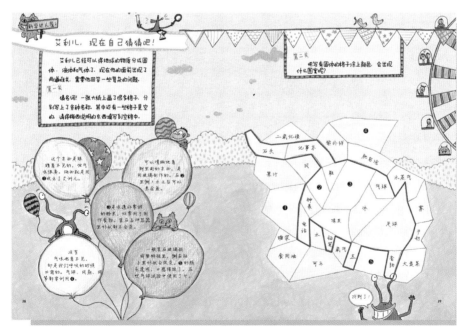

第38~39页　第一关：1.屁　2.鱼缸　3.白糖
4.空气　5.汽水；第二关：小猫图案